這個時候
你該怎麼辦？

從**喪屍**入侵到
危機應變的生存挑戰

監修｜防災專家 高荷智也

繪者｜花小金井正幸

譯者｜李彥樺

目次

第1關　逃離喪屍的攻擊！　　19

第2關　與喪屍戰鬥！　　31

本書的閱讀方式

情境問題

選 Ⓐ 還是 Ⓑ……？
想活下去，就得找出正確答案！

在故事裡，你會遇上各種不同的危機。冷靜思考，並發揮你的想像力，選出心中的答案吧。在文章或圖片裡，或許能找到一些提示……

解答頁

就算選到錯誤的答案，
挑戰也不會就此結束！

雖然這些生存挑戰的情境看似不可能發生在現實中，不過只要認真思考，一定能找出正確的答案！書中對正確答案及錯誤答案都有詳細說明，不用怕犯錯，只要懂得從錯誤中學習，就可以強化困境求生力。

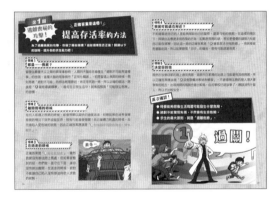

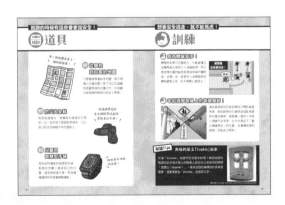

道具頁・訓練頁

靠著道具及訓練增加存活率！

在每一關的結尾，介紹了遇上危險時方便好用的道具，以及能夠大幅強化求生能力的訓練方法。只要學會了這些，你也是生存專家！

登場人物介紹

康太

本書的主角,就讀國小五年級的男生。不管是學業還是體育表現,在班上都是中等。非常重視家人和朋友,富有正義感。

東海林羅密歐(喪屍博士)

研究喪屍的專家。靠著一步一腳印的努力,研發出了人類史上最早的喪屍疫苗……只要一興奮就會說個不停。

爸爸

康太與小雪的父親。職業是消防隊員,對自己的體力很有自信。

媽媽

康太與小雪的母親。擅長製作野營料理,非常的溫柔慈祥。

小雪

康太的妹妹,就讀國小三年級的女生。膽子非常小。

弘樹

康太的好朋友,個性開朗好動,常常因為玩得太開心而闖禍。

喪屍 詳細說明

在進入正式的故事之前，先來看看本書對「喪屍」的設定吧。要是出現了這樣的喪屍，該如何保護自己呢？

視覺

視力很差，距離超過1公尺的東西都看不清楚。

智力

非常笨，大概只相當於黑猩猩。不懂得使用任何道具，而且因為喪失了人性，所以完全無法溝通。

聽覺

雖然視力很差，但是聽力很好。只要懂得利用這一點，或許就能找到對付喪屍的方法。

嗚嗚……

語言

沒有辦法說話，只能發出呻吟。

嗅覺

對氣味非常敏感，所以吃香味太濃的食物或使用香水都是相當危險的行為。

力氣

擁有驚人的力量。感受不到痛覺，所以能夠發揮遠遠超越一般人類的力量。

步行方式

以兩腳拖地的方式前進。沒辦法奔跑，也沒有辦法登上樓梯。

Q1. 不管是大人或小孩，都有可能變成喪屍嗎？

A1. 任何人都有可能變成喪屍。

無論是大人還是小孩，只要身體的任何一個部位被喪屍咬到或抓到，都會感染喪屍病毒。一旦遭到感染，必須立刻接受治療，否則很快就會變成喪屍，攻擊身旁的所有人類。

感染

參見第6章！

Q2. 被喪屍攻擊會怎麼樣？

A2. 先出現類似感冒的症狀，然後變成喪屍。

感染了喪屍病毒的人，會出現身體疲倦及發高燒等症狀。經過24小時～2天後會突然昏迷（發作時間因人而異）。當再度醒來的時候，身體已經完全被病毒控制，成為一名喪屍。

參見第6章！

Q3. 喪屍為什麼要攻擊人類？

A3. 為了增加同伴。

喪屍會攻擊人類，是因為大腦遭喪屍病毒所控制。喪屍病毒為了增加同伴，會命令身體不斷攻擊健康的人類。雖然喪屍病毒相當特殊，但自然界其實一直存在著類似的病原體（指具傳染性的微生物或媒介，例如：病毒、細菌等）。

參見第6章、第8章！

嗚嗚

Q3. 變成喪屍的人有可能被治癒嗎？

A4. 可以。

就算變成了喪屍，只要注射喪屍博士研發的疫苗，還是可以恢復健康。為了拯救更多的人，聽說博士還開設了專門治療喪屍的診所。但是只靠博士一個人，能製造的疫苗數量相當有限，要拯救全世界的人恐怕需要相當漫長的時間。

參見第7章！

全世界爆發了喪屍肆虐的災情？

失去理智的人攻擊其他人？

那不就是貨真價實的喪屍嗎⋯⋯

這個新聞是真的嗎？

因此今天我們以連線的方式，請教研究喪屍的頂尖學者⋯⋯

你們心裡一定都想著「真的有喪屍嗎？」對吧？

我告訴你們，真的有喪屍！

伸指！

冒出！

喪屍研究中心 所長
東海林羅密歐
（喪屍博士）

博士，能不能麻煩您先冷靜一點⋯⋯

啊⋯⋯對不起⋯⋯

嗯！

呃～

總之這些喪屍會不斷攻擊人類。

一旦被喪屍咬到或抓到，那個人也會變成喪屍。

簡單來說……就像這張示意圖……

所以……

拿出！

·咬到
·抓到

攻擊

一旦變成喪屍之後……
●失去理智
●變得凶暴

喪屍化　健康的人　已經喪屍化的人

停止不動！

博士！博士！

看來通訊品質好像不太好……

我們收到了來自博士的電子郵件。

……信上說就算變成了喪屍，還是有機會恢復健康。

發愣～

啊！

已經這麼晚了！大家趕快吃早餐吧！

好～

汪

吵吵鬧鬧

……

小雪，你怎麼了？

抖抖抖

你不覺得喪屍很可怕嗎？
那是喪屍耶！

步步 進逼

你放心，如果真的
出現了，我會把他
們都解決了！

你……
實在是不太
可靠……

你……
你可別太小看我！

雖然我不像爸爸、媽媽
那麼強壯……

早安～

早呀！弘樹！

早安！

早安～

康太！

你看了今天早上的電視了嗎？

你指的是喪屍肆虐全世界那個新聞嗎？

沒錯！那個很好笑吧？

有一個怪博士……

我告訴你們，是真的有！

哈哈哈哈

伸指！

你們都不擔心喪屍現象蔓延到這裡來嗎？

不可能！不可能！

網路上大家都說不可能！

嗟嗟嗟嗟！

康太，原來你這麼膽小呀！

吵死了，就算你變成喪屍，我也不會救你！

咬

好痛！

要是我變成喪屍，一定先咬你一口！

現在你也是我們的喪屍同伴了！

你好髒喔～！

你已經死了！

哈哈

放學後

嘩~噹~噹~噹~

弘樹！康太！要直接回家，不要到處亂跑，知道嗎？

老師！危險！你的背後有喪屍！

哇啊～啊啊啊！

在哪裡？在哪裡？

好好笑！老師的反應太好笑了！

哈哈哈哈

喂！

你們兩個……

總之回家路上小心點！

老師真的是太好笑了！

好的，老師再見！

教職員室

吵鬧 吵鬧 吵鬧

LIVE

喪屍快速增加中！

不會吧……

連這裡也出現喪屍化的現象了？這可不得了……

唔……

真的出現喪屍的話，要怎麼應付啊？

看見的時候，已經來不及逃了吧？

慢吞吞～

是嗎？應該可以輕鬆逃走吧？他們走得那麼慢！

這麼說也對，如果是動作很慢的喪屍……

我要走那一邊！

明天見！

好！

明天見！

喪屍肆虐的舞臺地圖！

學校

第3、7、8章的發生地點！
安全的避難所之一。設置於此處的喪屍診所，除了對付喪屍之外，還得對付人。

喪屍大量出現之後，這裡就成立了喪屍診所及避難所！

學校前道路

第1、2章的發生地點！
就在平時經常通過的公園道路旁邊，第一次遇上喪屍！

第6章的發生地點！
弘樹從自己的家前往康太家的途中，在這裡被喪屍攻擊！

大馬路

公園道路

公園

弘樹的家

便利商店

弘樹的家，康太經常去找他玩。

醫院

○×醫院

第4、5章的發生地點！
就算是在家裡，也不見得一定安全！

每次康太生病或受傷，都是到這家醫院接受治療。

康太的家

第1關
逃離喪屍的攻擊！

第 1 關

逃離喪屍的攻擊！

乍看之下與平常沒什麼不同的放學時間，前方卻出現可疑人影慢慢靠近……是喪屍！現在該怎麼辦才好？

能夠提高生存機率的小建議！

遇上了喪屍，不要嘗試戰鬥！
如果真的遇上了喪屍，最大的重點就是「趕快逃走，不要和喪屍戰鬥」。
以小學生的力氣，很難打得贏喪屍。想要降低風險的最好方法，就是避免
任何接觸。

盡量不要被喪屍發現！
如果還沒有陷入必須逃走的危險狀態，應該先盡可能躲藏起來，不要被喪
屍發現。只要沒有被發現，就不用擔心會被攻擊。

要慎選躲藏的地點！
要往哪個方向逃走，或是躲藏在什麼樣的地方，才不會被喪屍發現？必須
依照實際的狀況，做出正確的決定！

挑選比較安全
的選項！

情境 1 那是……喪屍？

A 站在遠處觀察 要選哪一邊 迅速從旁邊通過 B

從前方走來一個看起來相當可疑的人影。不僅臉色蒼白，而且走路的方式很奇怪。回想起來，今天早上在電視新聞上看到的喪屍也是那個樣子……就算不是喪屍，也有可能是壞人。是不是應該站在遠處觀察狀況呢？可是那個人的動作很慢，如果從旁邊迅速通過，或許沒關係？

正確答案請見第 26 頁

情境 2 離開現場的時候

A 以最快的速度拔腿逃走！ 要選哪一邊 仔細觀察周圍情況，快步離開 B

那個可疑的人影越來越靠近了。雖然不確定是不是喪屍，但應該是逃走比較保險。那個人的動作很慢，只要全力衝刺，應該不會被追上。但是俗話說「欲速則不達」，這個時候是不是應該要小心一點呢？

正確答案請見第 26 頁

情境 3　在逃走的時候

 A　爬到高的地方　　躲在陰暗處　**B**

康太成功把那個看起來像喪屍的人影稍微甩開了。但還不能完全放心，最好找個地方躲起來。康太抱著緊張的心情來到了平常遊玩的公園，決定在這裡找地方躲藏。他應該要爬到遊戲鐵架的上面，還是躲在溜滑梯的內部，比較不會被發現呢？

正確答案請見第 26 頁

情境 4　喪屍可能還在附近？

 A　豎起耳朵仔細聆聽　　探頭出去張望　**B**

好像有人走進公園裡！如果是警察的話，或許可以向他求助！有沒有辦法確認那個人是誰呢？對了，那個看起來像喪屍的可疑人物，走路時會拖著腳。現在是應該豎起耳朵聆聽，還是應該趁那個人還沒有靠近的時候，探頭出去看一下？

正確答案請見第 27 頁

決定目的地

康太好不容易躲開了那個像喪屍的可疑人物。接下來該怎麼做才好呢？這個地方距離家還很遠，回家的路上可能很危險。或許回到距離比較近的學校，才是安全的做法……但是好想趕快回家，才能見到爸爸、媽媽及小雪。

正確答案請見第 27 頁

對答案！

逃離喪屍的攻擊

成功？失敗？ 查看「提高存活率的方法」！

\\ 正確答案是這個！ //

提高存活率的方法

為了逃離喪屍的攻擊，你做了哪些選擇？這些選擇是否正確？閱讀以下的說明，提升你的求生能力吧！

情境 1
那是……喪屍？

當發生嚴重天災之類的異常事態時，人類的大腦往往會產生「絕對不可能有這種事」的念頭。這種大腦的現象稱作「正常化偏誤」。但是當遇上喪屍的時候，假如抱著「絕對不可能」的想法輕易靠近，肯定是死路一條。所以正確的做法，應該是「**A 站在遠處觀察**」。最好在日常生活中，就養成預測「可能發生危險」的習慣。

情境 2
離開現場的時候

任何人在遇上喪屍的時候，都會想要以最快的速度逃走。但是如果在沒有做暖身操的情況下突然拔腿狂奔，很有可能會受傷喔！而且當體力耗盡的時候，反而會陷入更危險的狀態。因此正確答案應該是「**B 仔細觀察周圍的情況，快步離開**」。

情境 3
在逃走的時候

正確答案是「**B 躲在陰暗處**」。雖然喪屍沒有辦法爬上高處，但如果被看到的話，他們會一直守在下面，讓你沒有辦法離開。在逃走的時候，絕對不能讓自己陷入沒有辦法向他人求救的狀態。

救命～

喪屍可能還在附近？

不知道靠近自己的人是能夠幫助自己的警察，還是可怕的喪屍。在這樣的情況下，探頭出去看是非常危險的行為。如果是喪屍的話，等於是傻傻的讓對方知道自己躲在哪裡。因此這一題的正確答案是「Ⓐ 豎起耳朵仔細聆聽」。喪屍都是拖著腳走路，所以如果聽見「沙沙」的聲音，很有可能就是喪屍。

決定目的地

既然在放學回家的路上遇見喪屍，這表示往家裡的沿路上可能還有其他喪屍。所以正確答案應該是「Ⓐ 回到距離比較近的學校」。不過值得注意的是人潮大量聚集的地方，出現喪屍的風險也會比較高，由於學校已經放學了，應該沒有什麼人，所以才比較安全。

再次確認！

● 時要能夠想像生活周遭可能發生什麼危險。

● 絕對不能驚慌失措，不然會有生命危險。

● 求生的最大原則，就是「遠離危險」。

 道具

帶一張地圖在身上，隨時都能看！

 從學校到自家的地圖

只要隨身帶著紙本地圖，就不用擔心手機沒電！除了可以知道醫院或警察局的位置之外，在規劃回家路線的時候也能派上用場！

防災安全鞋

鞋底經過強化，就算踩到玻璃也不用怕。比一般的鞋子堅固耐用得多，可以安心的走在崎嶇不平的道路上。

快速綁帶設計省去綁鞋帶的麻煩，穿脫更加方便！

兒童用智慧型手錶

具有GPS機能的智慧型手錶，能夠在地圖上確認自己的位置，逃走時相當方便。有些機種還附有防身警報器機能。

擁有超多功能的手錶！

訓練

成為轉彎高手！

轉彎時如果只注意前方，可能會撞上從轉角衝出來的行人或腳踏車。所以應該像右圖的藍色箭頭這樣繞外圈前進。這樣一來，就算有人或腳踏車從轉角處衝出來，也不用擔心會撞上。

繞遠路反而更安全！

牢記通學路線上的每個細節！

澈底看清楚從住家到學校之間的每個角落。例如路旁的交通號誌或監視器的位置在哪裡，或是哪一處的十字路口視線不佳等等。此外也要記下「愛心導護商店」的位置，在遭遇危險的時候一定能派上用場！

知識Tips 　喪屍的英文「Zombie」由來

知道「Zombie」這個字是怎麼來的嗎？據說這個名稱源自於非洲大陸上的剛果人民自古以來信仰的神明「恩贊比（Nzambi）」。後來這個名稱傳到許多其他國家，逐漸演變為「Zombie」這個英文字。

圖片來源：By Ji-Elle - Own work, CC BY-SA 3.0, wikimedia commons

下一關預告

為了保護妹妹，必須與喪屍正面對決！

康太成功逃過了喪屍的追蹤。

為了向老師求助，他獨自一個人返回學校。

沒想到在路上，竟然看見妹妹小雪與朋友正遭受喪屍攻擊！

為了保護兩人，康太一定要設法阻止喪屍才行。

喪屍正在一步步逼近，看來這次沒有辦法逃走……

康太是否能夠順利救出妹妹和她的朋友呢？

如果是你遇上這樣的危機，會怎麼辦呢？

第2關

與喪屍戰鬥！

第 **2** 關

與喪屍戰鬥！

為了保護嚎啕大哭的妹妹和她的朋友，康太決定對抗喪屍。但如果正面對決，康太絕對沒有勝算……到底要怎麼做才能化解這個危機，順利逃回學校？

第2關
與喪屍戰鬥！
你會怎麼做？
選擇 A 還是 B ？

能夠提高生存機率的小建議！

盡量與喪屍拉開距離！
靠近喪屍，是一件非常危險的事。總而言之，絕對不要試圖碰觸喪屍的身體！想想看，有沒有什麼辦法可以讓自己一直與喪屍保持距離？

設法誘導喪屍！
利用手邊的工具，設法將喪屍引誘到其他地方！只要能夠成功吸引喪屍的注意力，就能爭取更多逃走的時間！

將「逃走」視為最大宗旨！
喪屍的力氣實在太大，正面對決肯定贏不了。所以千萬不要勉強與喪屍戰鬥，應該以逃走為首要目標！

一旦被喪屍摸到，就完蛋了！

喪屍撲了過來！

要選哪一邊

A 用書包攻擊！

要選哪一邊

用書包防禦！ B

嗚～

雖然康太勇敢擋在喪屍的面前，卻不知該怎麼辦才好！喪屍已經發動攻勢了！此時應該抱持著「攻擊就是最大的防禦」的原則，揮舞書包攻擊喪屍嗎？還是應該立刻採取防禦手段，阻擋喪屍的攻擊？

正確答案請見第 38 頁

情境 2

絕對不能被追上……

要選哪一邊

A 在路上設置障礙物

逃進狹窄的巷道內 B

康太成功與喪屍拉開距離，但是喪屍一直窮追不捨！該怎麼樣才能把喪屍甩開呢？啊，前面剛好有幾輛腳踏車！可以把腳踏車推倒，當成路上的障礙物！不……還是別做這些浪費時間的動作，只要逃進狹窄的巷道內，應該就能夠減慢喪屍的前進速度？

正確答案請見第 38 頁

情境 3　找出喪屍的弱點！

A 靠近偷偷觀察

 要選哪一邊

B 在遠處仔細觀察

距離學校還有一點遠，接下來還是有很大的機率會遇到喪屍。為了每次都能順利逃走，康太想要多了解一點喪屍的特性。他應該靠近一點仔細觀察，還是應該躲在遠處，多花一點時間慢慢觀察……

正確答案請見第 38 頁

情境 4　利用喪屍的反應！

A 將防身警報器丟出去

 要選哪一邊

B 大叫將喪屍引誘過來

觀察之後，康太發現喪屍對聲音相當敏感。為了能夠更安全逃走，康太決定吸引喪屍的注意力。但是該怎麼做比較好呢？如果按下防身警報器的開關，然後丟出去，或許喪屍也會被吸引過去……不，等等！先大叫將喪屍吸引過來，再繞路偷偷逃走，不是比較簡單嗎？

正確答案請見第 39 頁

Ⓐ 獨自引開喪屍　　要選哪一邊　　所有人一起合作　Ⓑ

康太一行人在情境4中成功與喪屍拉開了距離，繼續朝著學校前進。沒想到前方又出現了喪屍！他們趕緊想要逃走，卻發現路的另一頭及側邊的巷道內也有喪屍靠近！剛剛太急著想要趕緊抵達學校，竟然沒發現已經被喪屍包圍了……是要以自己為誘餌吸引喪屍注意，或許能夠讓另外兩人順利逃走？或是三個人一起合作，確實想好逃走的計畫，這樣能提高所有人的存活機率嗎？

正確答案請見第 39 頁

對答案！

擊退喪屍的行動

成功？失敗？ ⟫ 查看「提高存活率的方法」！

正確答案是這個！
提高存活率的方法

為了擊退喪屍，你做了哪些選擇？這些選擇是否正確……？閱讀以下的說明，提升你的求生能力吧！

情境 1
喪屍撲了過來！

想存活下來最大的重點，就是不能與喪屍有任何的接觸。因此這一題的正確答案是「**B 用書包防禦！**」。如果選擇A，就算攻擊成功，以小孩子的力氣，不太可能讓成年喪屍受到太大的傷害。因此為了能夠安全逃走，一定要激底防禦。兒童書包的表面很光滑，就算是喪屍也不容易抓住，很適合用來當作抵禦喪屍攻擊的工具。

情境 2
絕對不能被追上……

想要與喪屍拉開距離，較有效的做法是「**A 在路上設置障礙物**」。一旦逃進狹窄的巷道裡，如果前方也出現喪屍的話，就會形成被喪屍包夾的狀況，因此不建議這麼做。除了腳踏車之外，也可以尋找身邊其他常見的物品當作障礙物。例如垃圾桶，或是工地常出現的三角錐。只要在路上設置障礙物，就可以爭取逃走的時間。

情境 3
找出喪屍的弱點！

比較安全的做法是「**B 在遠處仔細觀察**」。就是靠得太近的話，有可能會被喪屍發現。而且就算是距離很遠，應該還是可以看出喪屍的一些弱點。例如「喪屍沒有辦法登上樓梯」、「喪屍對聲音很敏感」等。

情境 4
利用喪屍的反應！

正如同我們在第 7 頁介紹過的，喪屍的視力很差，但是聽覺靈敏。靠著大喊來吸引喪屍的注意力，必須背負有可能會被追上的風險，因此這一題的正確答案是「Ⓐ 將防身警報器丟出去」。只要扔出的方向與逃走的方向相反，應該能夠爭取到安全逃走的時間。如果你的書包還沒有防身警報器，記得趕緊準備一個！

情境 5
被喪屍包圍了！

就算犧牲自己當作誘餌，也不見得一定能夠拯救同伴。想提高存活率，就一定要有「Ⓑ 所有人一起合作」的觀念。舉例來說，如果手邊有跳繩之類長條狀的工具，可以先由一個人大聲呼喊，吸引喪屍的注意，兩個人分別抓著繩索的一端同時全力奔跑，就有機會絆倒喪屍。想要化解危機，最重要的就是攜手合作。

再次確認！

- 距離危險的事物越遠越好。
- 躲在安全的地方冷靜觀察。
- 確認身邊有沒有可以利用的工具。

道具

和喪屍保持社交距離！

按鍵開啟式自動傘

只要按一個按鈕就會自動打開的雨傘，最適合用來和喪屍保持距離。但要注意如果使用的是不透明的雨傘，可能會遮住視線，看不到喪屍在哪裡。

LED手電筒

只要有了這個，就算在逃走的過程中進入陰暗的場所也不怕看不到路，而且還可以用光線誘導喪屍。最重要的一點是LED手電筒的使用壽命很長！

有些LED手電筒的使用壽命長達10年。

防身哨子、防身警報器

能夠發出聲音的東西，在緊急的時候能夠用來向他人求助。尤其是防身哨子，能夠發出非常大的聲音，傳遞到很遠的地方。但因為喪屍對聲音很敏感，使用時機要非常小心謹慎。

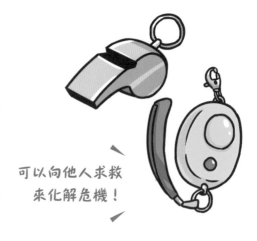

可以向他人求救來化解危機！

 訓練

知道消除緊張感的方法

當街上出現大量的喪屍，或是發生嚴重災害的時候，最重要的一點就是必須保持冷靜。當緊張或不安的情緒維持太久的時間，就有可能陷入恐慌，這時建議做個深呼吸，閉上眼睛，讓身體完全放鬆。

平常要好好保管道具

就算是再好用的道具，如果損壞的話，在緊要的關頭就無法派上用場。所以平常要定期檢查各種道具，一旦發生毀損就要立即換新。只要好好愛惜這些道具，在遇上危險的時候，或許它能夠救你一命！

知識Tips　　**古代也有「喪屍」嗎？**

喪屍是從西非巫毒教的祭祀習俗延伸而來，和東、西方古代所說的殭屍、吸血鬼或是亡靈類似。在許多的影視作品中，則泛指被魔法復活或被現代病毒感染而成的不死生物！喪屍和殭屍最大的不同是，殭屍的手不能動而喪屍可以。

圖片來源：shutterstock

進入學校之後，危機並沒有解除！

康太成功救出了小雪和她的朋友，

並一同逃往學校。

老師聽見騷動後，趕出來幫忙，讓大家順利進入校園。

但是喪屍並沒有就此消失！

為了能夠平安回家，康太必須抵禦喪屍們的攻勢，

同時保護小雪及她的朋友！

如果是你的話，會如何化解這場生死交關的危機？

第 **3** 關

在避難所
等待救援！

大量喪屍湧到校門口！在老師們的幫助下，康太等人順利躲進學校裡。但是學校也不是百分之百安全，在救助人員抵達之前，康太必須找到存活下去的方法才行！

握拳！

選擇
A 還是 B ？

你會
怎麼做？

能夠提高生存機率的小建議！

防止喪屍侵入
大量的喪屍圍繞在學校周圍，所以一定要確實堵住所有的門窗，所有能夠上鎖的地方都要上鎖！

擁有兩個以上的出入口
躲藏的地點，一定要挑選具有兩個以上出入口的室內空間！如果只有一個出入口，一旦遭喪屍侵入，就會無路可逃！

廁所其實很重要！
一般人兩、三天不吃東西也不會死，但是沒有辦法長時間忍耐不排泄！因此一定要確保上廁所的動線安全無虞！

要懂得建立安全的
藏身之處！

情境 1　應該逃往校園內的哪個位置？

A 寬敞的體育館　要選哪一邊　二樓的教室　**B**

雖然成功進入了校園，但是接下來要逃往校園內的哪裡才最安全呢？考量到喪屍可能會侵入校園，是不是應該選擇寬敞的體育館，才能有空間可以躲藏閃避？但是剛在街上遇見的喪屍，好像在階梯前差點摔倒，或許喪屍不太會爬樓梯？如果是這樣的話，二樓的教室應該會比較安全？

正確答案請見第 50 頁

情境 2　如何提防喪屍入侵？

A 在門口設置障礙物　要選哪一邊　清除逃走路線上的障礙物　**B**

終於逃進了目前看起來還算安全的室內。為了保險起見，應該要提升這個避難所的防禦能力，以及確保逃走的路線。是不是應該利用手邊的道具及材料，在門口設置障礙物？但從方便逃跑的觀點來看，似乎應該清空逃走路線上的障礙物才對……到底要選擇哪一種做法呢？

正確答案請見第 50 頁

情境 3　好想上廁所……

要選
哪一邊

A 請老師陪同一起去

B 自己一個人偷偷去

嗚嗚……
慘了……

咕嚕
咕嚕

阻止喪屍入侵的預防措施已經完成，終於鬆了一口氣……但或許是放鬆了心情的關係，康太忽然好想上廁所！雖然很想去，卻又怕遇上喪屍。是不是應該請老師陪同一起去？但是老師們看起來好像都很忙，還是自己偷偷去吧？

正確答案請見第 50 頁

情境 4　抵抗夜晚的寒冷！

要選
哪一邊

A 打開暖氣

B 蒐集紙箱及報紙來取暖

自從逃進學校之後，已經過了好幾個小時，爸爸、媽媽一直沒有來接康太及小雪。夜晚的學校非常寒冷，是不是應該拜託老師打開暖氣呢？不過聽說只要用紙箱和報紙包住身體，就會很溫暖。還是乾脆在教室裡找一找，或是請老師幫忙蒐集可保暖的物品？

正確答案請見第 51 頁

救助人員抵達前，應該怎麼做？

A 乖乖待在原地不要動　　要選哪一邊　　從窗戶縫隙監視喪屍 **B**

爸爸、媽媽一直沒有來，心情越來越不安……但是康太相信爸爸、媽媽一定會來找他們。為了熬過這段漫長的時間，是不是應該乖乖待在原地不要動，避免消耗體力？但是其實等待的時間還有很多事情可以做。爸爸、媽媽會晚到，或許是因為學校的周圍有很多喪屍的關係。是不是應該從窗戶縫隙偷偷監視喪屍的動靜？

正確答案請見第 51 頁

對答案！

在學校的行動

成功？失敗？ >>> 查看「提高存活率的方法」！

\\ 正確答案是這個！ //

提高存活率的方法

躲進學校之後，你做了哪些選擇？這些選擇是否正確？閱讀以下的說明，提升你的求生能力吧！

情境 1
應該逃往校園內的哪個位置？

體育館裡頭很寬敞，或許有些人會以為就算喪屍入侵，也可以輕易躲避喪屍。但是正因為太過寬敞，在人數不足的情況下很難進行防衛。而且如果因為體力消耗、累了，也是有可能被喪屍抓到。相較之下，躲進二樓以上的教室裡，喪屍會因為不擅長爬樓梯而無法靠近。而且每一間教室一定都有兩道門，就算喪屍從其中一道門入侵，大家也可從另一道門逃走，所以正確答案是「**B** 二樓的教室」。

情境 2
如何提防喪屍入侵？

不管是設置障礙物，還是清空逃走路線，其實都相當重要。此處的選擇是「應該優先執行的行為」，所以正確答案是「**A** 在門口設置障礙物」。設置好障礙物之後，就可以讓喪屍沒有辦法輕易入侵。當然「清空逃走路線」這個做法也沒有錯。一旦門口的障礙物遭到喪屍突破，如果逃走的路線上堆滿了雜物，就會不容易逃脫。所以應該先設置障礙物，然後清空逃走路線。

情境 3
好想上廁所……

在這種危險時刻，做任何事情都必須兩個人一起行動！要是喪屍闖進廁所裡，憑一個小孩的能力絕對無法應付。因此這個時候應該要「**A** 請老師陪同一起去」。否則的話，一旦被喪屍堵住門口，就無路可逃了！

抵抗夜晚的寒冷！

打開暖氣當然是最簡單的做法，但是暖氣機的運轉聲音相當吵，可能會吸引對聲音相當敏感的喪屍。因此應該將紙箱鋪在地上，然後在身上蓋報紙，這樣的做法也可以抵禦寒冷。紙箱、報紙都是擁有高保溫性的東西，能夠隔絕冰冷空氣，讓身體周圍的空氣保持溫暖。所以這一題的答案是拜託老師「 B 蒐集紙箱及報紙來取暖」。

情境5

救助人員抵達前，應該怎麼做？

關於喪屍，還存在著許多謎團。雖然該做的事情都做完了，還是沒辦法完全安心。為了避免到最後來迎接的人也變成喪屍，應該選擇「 B 從窗戶縫隙監視喪屍」。只要持續觀察，或許就會發現能夠安全逃離喪屍攻擊的技巧。而且當父母來到學校附近時，也可以立刻發現！

再次確認！

- ● 根據實際的情況，選擇能夠化解當前危險的合適地點。
- ● 確認那個地點能夠安全的上廁所、吃飯及睡覺。
- ● 紙箱及報紙能夠保住自己的性命。

第**3**關 過 關！

道具

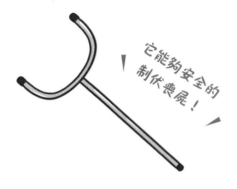

它能夠安全的制伏喪屍！

防爆鋼叉

在日本，大部分的學校都會準備「防暴鋼叉」或，用來制伏想要做壞事的歹徒。它能夠從遠處制止喪屍的行動，確保逃走的路線，臺灣校園的警衛室則備有一些防禦工具可替代使用。

睡袋

學校不一定會有睡袋，而且睡袋這種東西也沒辦法帶著到處走。但如果在避難的地點能有睡袋的話，不僅在堅硬的地板也能睡得安穩，而且還有禦寒的效果，可說是非常實用。

舒服的睡一覺吧！

簡易廁所

以紙箱製成的上廁所道具。只要在紙箱上頭蓋一層塑膠袋，上完廁所後就可以很簡單的把排泄物處理掉。

上廁所真的非常重要！

訓練

參加防災演習要認真！

參加學校的防災演習時，你是否會很認真做好每個步驟？這些演習的目的，在於確認避難動線及集合地點，以避免當有歹徒闖入校園或發生大地震時手忙腳亂。只要平常好好參加這些演習，就能提升求生能力。

記住每個逃生門的位置！

這就是逃生門的標誌！

大部分學校都設有許多逃生門，平常應該要記住這些逃生門的位置。當有喪屍或歹徒闖入學校時，就算出入口被堵住，也可以從其他逃生門逃走。除了學校之外，補習班及經常光顧的店家等，也要事先確認清楚逃生方向！

知識Tips ## 沉睡在永凍土內的神祕病原體

所謂的永久凍土，指的處在冰點以下的冰凍狀態超過兩年以上的土地，大多位在北極圈附近。在這些冰凍的土壤裡，除了埋藏著長毛象之類動物的屍體之外，可能還有許多人類不曾接觸過的神祕病毒。一旦這些凍土融化，病毒可能會進入空氣中，對人類造成危害。

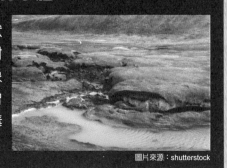

圖片來源：shutterstock

調查清楚喪屍的特徵！

從學校的窗戶看出去，喪屍都不知道跑到哪裡去了。過了不久，爸爸的車開

進了學校裡！康太與小雪終於見到了爸爸、媽媽。一整個晚上都沒睡好的兩

人，在爸爸所開的車子裡呼呼大睡。

「沒想到真的會出現喪屍……」

「一起多蒐集一些喪屍的資訊吧。」

爸爸、媽媽露出了不知如何是好的表情。

如果是你的話，會如何蒐集喪屍的資訊？

第4關

蒐集資訊！

蒐集資訊！

從開始出現喪屍到現在，已經過了整整一天。電視新聞從早到晚都在報導關於喪屍的事。為了確保接下來的安全，爸爸召開了一場「喪屍家庭會議」，討論蒐集資訊的方式，以及一家人保持聯絡的方法！

蒐集資訊！

哇～

你會怎麼做？

選擇A還是B？

能夠提高生存機率的小建議！

尋找合適的資訊來源！

影片分享網站、社群媒體、社區布告欄等等，可以獲得相關資訊的資訊來源相當多！思考看看，哪一個才是最安全可靠的資訊來源？

不要盲目的相信網路資訊！

有些提供資訊的人，其實自己也不是專家。必須盡可能採納值得相信的資訊及來源，才能夠提高生存機率！

實際了解不變成喪屍的方法！

靠近喪屍，是一件非常危險的事。總而言之，絕對不要試圖碰觸喪屍的身體！想想看，有沒有什麼辦法可以讓自己一直與喪屍保持距離？

要小心
那些錯誤的資訊！

首先應該確認什麼事情？

想要保護自己不成為喪屍，應該優先調查清楚哪一件事情呢？是「人類變成喪屍」的條件嗎？只要知道這一點，就算遇上喪屍也不會慌張……但如果能夠預先知道「打倒喪屍的方法」，就可以在遇到喪屍時靠武力將其打倒。

正確答案請見第 62 頁

應該在社群媒體上查看什麼資訊？

電視新聞的播報內容都大同小異，康太決定使用手機或平板電腦，從社群媒體上尋找資訊。以關鍵字「喪屍」進行搜尋，找到了兩篇文章，一篇是〈喪屍的身體能力〉，另一篇是〈如何治療變成喪屍的人〉，應該先看哪一篇？

正確答案請見第 62 頁

與家人走散時的聯絡方式

要選
哪一邊

打電話給約定的遠方親戚 B

如果跟父母親走散了，手機又不在身邊，該怎麼互相聯絡呢？可以利用公共電話打父母的手機留言，但電話留言不見得能說得清楚，還是應該打電話給住在遠方的親戚？

正確答案請見第 62 頁

該如何確認避難所的位置？

要選
哪一邊

詢問住在附近的萬事通叔叔 B

為了保險起見，應該要先查好避難所的位置。但是要怎麼查詢，才是最簡單的方法呢？康太想起好像曾經在家裡看過「災害避難地圖」，或許可以把那張地圖找出來；住家附近有一個很和善且什麼都知道的萬事通叔叔，問他或許才是最快的方法？

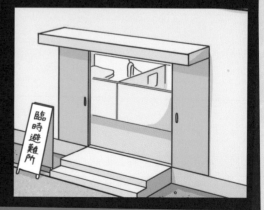

臨
時
避
難
所

正確答案請見第 63 頁

停電時該如何取得必要資訊？

| A | 聽收音機廣播 | 要選哪一邊 | 到市公所看布告欄 | B |

吃完晚餐後，康太打開電視，想要看看有沒有關於喪屍的最新消息，沒想到卻突然停電了！而且網路變得很不穩定，沒有辦法連線上網……這種時候該如何取得必要的資訊？家裡雖然有使用電池的收音機，但如果連廣播電臺也停電的話，那就沒有廣播可以聽了。市公所的人或許還在上班，是不是應該到市公所看布告欄？

正確答案請見第 63 頁

對答案！

蒐集資訊的行動

成功？ 失敗？ 查看「提高存活率的方法」！

蒐集資訊！ \正確答案是這個！/ 提高存活率的方法

為了蒐集資訊，你做了哪些選擇？這些選擇是否正確？閱讀以下的說明，提升你的求生能力吧！

情境 1
首先應該確認什麼事情？

正確答案是「 **A 人類變成喪屍的條件** 」。例如是「靠近喪屍就會變成喪屍」，還是「被喪屍咬傷或抓傷才會變成喪屍」，光是能確認這一點，就對訂定求生計畫有著非常大的幫助。至於打倒喪屍的方法，如果遇上必須與喪屍戰鬥的狀況，或許會有幫助，但以小孩子的力氣，實在不太可能打倒喪屍。因此比起打倒喪屍的方法，還是應該先查出如何才能夠不變成喪屍。

情境 2
應該在社群媒體上查看什麼資訊？

治療喪屍的方法當然相當重要，但是社群媒體是任何人都可以自由發言的地方，找到的資訊不見得是由專家所撰寫，內容也不見得正確，而且或許還會有人故意散布假消息，因此不建議在社群網站上研究喪屍的治療方法。此外，應該會有人將遇到喪屍的過程拍成影片，上傳到社群媒體上。因此建議先觀看這些影片，確認「 **A 喪屍的能力** 」。

情境 3
與家人走散時的聯絡方式

與家人走散的時候，首先應該做的事是「 **B 打電話給約定的遠方親戚** 」。這種聯絡方式稱作「三角聯絡法」。雖然語音留言系統可以直接讓父母收到訊息，但要是沒有訊號的話，也無法收聽留言。

太好了，兩邊都很平安。

我沒事！

我沒事！

聯絡住在遠方的親戚

無法直接聯絡⋯⋯

該如何確認避難所的位置？

有可能在出現大量喪屍的同時，又發生大地震或豪大雨，因此一定要事先知道可以到什麼地方避難。這一題的正確答案，是尋找家裡的「Ⓐ 災害避難地圖」。雖然住在附近的萬事通叔叔可能也知道避難所在哪裡，但是外出畢竟比較危險，有可能會遇上喪屍。附帶一提，與鄰居之間的互助合作非常重要，所以從平常就應該要與鄰居好好相處。

停電時該如何取得必要資訊？

當喪屍大量出現時，有可能會出現停電的狀況。一定要特別注意，不能只靠電視及智慧型手機接收資訊。至於到市公所看布告欄，就跟情境4一樣，必須冒險外出，同樣相當危險。此時正確的做法，應該是「Ⓐ 聽收音機廣播」，並且要使用電池式收音機。廣播電臺都會有特殊的設備，能在停電時維持廣播正常運作。

再次確認！

● 必須蒐集充足的資訊，才能保護自己。

● 必須事先和家人或親朋好友約定好緊急連絡方式。

● 當發生災害的時候，收音機廣播是最可靠的資訊來源。

第4關 過關！

📦道具

不需要更換電池！

📦 手動充電式收音機

能夠靠手動方式充電的收音機，不用擔心電池會沒電，隨時隨地都可以收聽廣播節目。

📦 行動電源

雖然收音機很方便，但是當收得到網路訊號的時候，還是適合用智慧型手機或平板電腦來取得資訊。只要隨身攜帶行動電源，就不用擔心手機或平板電腦會沒電！

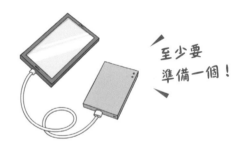

至少要準備一個！

📦 加壓原子筆與防水紙

加壓原子筆是利用空氣的壓力將墨水推出，所以不管是在水裡書寫，還是朝著上方書寫，線條都不會模糊或暈開。另外只要再準備防水紙，就算是在雨中也可以輕鬆寫筆記喔。

而且比較不怕弄髒！

 訓練

 不要輕易相信傳聞

不管是在網路上，還是在學校裡，應
該都流傳著各式各樣的傳聞。或許你
也曾經遇上過，本來以為某個傳聞是
真的，後來才發現根本是假的。所以
不管聽到任何謠言，都必須先確實求
證，不能一下子就相信！

遇到住在附近的大人，要有禮貌的打招呼

你是否曾因為害羞，或者是因為不
太熟，所以不曾主動向住在附近的
人打招呼？不管是出現喪屍，還
是發生災害，街坊鄰居的互助合
作都相當重要，所以從平常就應
該要與鄰居打招呼、問候，建立良
好的關係！

知識Tips　某研究機構網站上，教你如何在喪屍的攻勢中存活！

美國有一個專門研究傳染病問題的研究
機構，稱作「美國疾病管制與預防中心
（CDC）」。在其網站上，有著教導民
眾在如何在喪屍肆虐的環境裡尋找飲用水
及食物的方法。雖然內容介紹都是英文，
但有興趣的人可以上去看看。

下一關預告

確保飲用水及食物！

因為出現喪屍的關係，學校全都停課了。

康太的爸爸、媽媽也盡量躲在家裡不出門。

雖然目前家裡還有平常儲存的飲用水及食物，由於無法外出，

存量都只剩下一星期份。喪屍肆虐的問題不知道還會持續多久，

除了要將家裡的飲用水及食物做最有效的利用之外，

還必須避開喪屍，想辦法補充飲用水及食物。

如果是你的話，會怎麼做？

第5關

水與食物

第5關
水與食物

請各地居民千萬不要外出！

自從出現喪屍，到今天已過了一個星期。喪屍的數量似乎越來越多，外出的危險性也越來越高。看來緊急存放的飲用水及食物一定要更加珍惜使用才行⋯⋯

水與食物

選擇
A還是B？

你會
怎麼做？

能夠提高生存機率的小建議！

吃溫熱食物要特別小心！
氣味太強的食物，可能會引來喪屍。尤其是溫熱的食物，通常味道會比較重，一定要特別謹慎小心。

事先了解停電時可以使用什麼樣的工具
有了飲用水及食物之後，還得知道如何調理才行。尤其是在停電之後的調理方式，一定要好好學起來！

太過貪心反而是件危險的事！
相信很多人都會以為飲用水及食物是越多越好，但是當必須移動到避難地點的時候，如果在背包裡放入太多的飲用水及食物，會有什麼後果？

外頭聚集了大量的喪屍，
一定要好好想清楚！

情境 1 今天的午餐吃什麼呢？

A 飯糰　　要選哪一邊　　咖哩飯 **B**

媽媽問康太「今天中午要吃什麼」。最近他們吃的都是緊急備用糧食或是飯糰，康太好想吃自己最喜歡的咖哩……但是屋外還有很多喪屍在徘徊著。這種時候應該吃飯糰，還是吃咖哩？

正確答案請見第 74 頁

情境 2 該帶走什麼樣的緊急備用糧食？

A 泡麵　　要選哪一邊　　果凍營養包 **B**

為了因應隨時可能必須逃走的情況，康太決定先將必要的東西放進背包裡。目前家裡有兩種緊急備用糧食，分別是泡麵及果凍營養包。兩種的保存期限都很長，而且都很好吃。因為背包還得放飲用水及必要的物品，所以只能選擇一樣。該選擇什麼好呢？

正確答案請見第 74 頁

71

飲用水要怎麼保存？

A 先將自來水煮沸　　要選哪一邊　　直接將自來水裝入瓶中 **B**

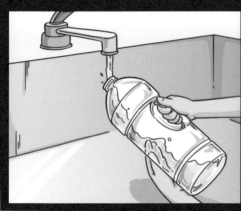

為了以備不時之需，康太決定要用寶特瓶保存一些飲用水。將水龍頭的自來水裝入寶特瓶內之前，是不是應該先煮沸殺菌？但是平常自來水也是可以直接飲用，或是拿來做菜，或許直接裝進寶特瓶裡也沒有關係？

正確答案請見第 74 頁

停電了！食材要怎麼處理？

A 直接吃冷的食材　　要選哪一邊　　使用小型的卡式瓦斯爐 **B**

正在準備晚餐的時候，突然停電了！這也是喪屍造成的影響嗎？收音機廣播只說目前還在調查原因。問題是料理到一半的食材要怎麼辦？直接吃冷的食材嗎？剛好爸爸很喜歡露營，所以家裡有小型的卡式瓦斯爐，能不能拿來使用呢？

正確答案請見第 75 頁

避難用背包的大小

原本一家人還很擔心，幸好過了不久，就恢復供電了。但還是隨時有可能停電，必須事先做好避難前的準備工作！首先把飲用水及儲備糧食放進背包裡吧。但是要帶多少的分量？平常使用的小背包就可以了嗎？還是應該要使用可以裝很多東西的大背包？

正確答案請見第 75 頁

對答案！

確保飲用水及食物的計畫

成功？失敗？ >>> 查看「提高存活率的方法」！

提高存活率的方法

關於水及食物的問題，你做了哪些選擇？這些選擇是否正確？閱讀以下的說明，提升你的求生能力吧！

情境 1
今天的午餐吃什麼呢？

食物的氣味有可能會引來喪屍，所以應該選擇「Ⓐ 飯糰」。不過像咖哩飯這樣溫熱的食物有助於恢復精力，只要是在不用擔心氣味會飄散出去的地點，就可以安心食用。

情境 2
該帶走什麼樣的緊急備用糧食？

熱騰騰的泡麵非常好吃，只要沖泡熱水就可以食用，算是非常方便。但是有些避難地點可能沒有卡式瓦斯爐或熱水瓶，沒有辦法取得熱水。所以緊急備用糧食最好還是選擇「Ⓑ 果凍營養包」。如果還能再準備一些水果乾，更能確保營養均衡。

情境 3
飲用水要怎麼保存？

水龍頭流出的自來水裡頭，都加入了「氯」這種成分，目的是為了殺死細菌及病毒，確保水質長久不變。但是當溫度過高的時候，氯就會消失。所以煮沸過的水因為沒有了氯，反而沒有辦法長久保存。如果是想要長期保存的飲用水，正確的做法是「Ⓑ 直接將自來水裝入瓶中」。

停電了！食材要怎麼處理？

火可以用來取暖，也可以用來烹煮食物。但是絕對不能在院子裡燒柴火，一來柴火的聲音及煙霧會引來喪屍，二來有發生火災的危險。烹煮食物的時候，為了避免氣味四處飄散，最好是在屋內「 Ⓑ 使用小型的卡式瓦斯爐 」。由於使用的是瓦斯，就算是停電也不用擔心！

情境 5
避難用背包的大小

在前往避難地點的途中，有可能會遇上喪屍。如果背著太重的背包，沒有辦法奔跑的話，可能會被喪屍抓住。當然要帶多少的食物，還得考量可能會在避難地點待幾天，但如果不使用比較輕盈的「 Ⓑ 小的背包 」，可能還沒吃到裡頭的食物，自己就已經變成喪屍了！

再次確認！

● 烹煮料理的時候，要盡量選擇不會散發氣味的食物。

● 飲用水最好直接裝進寶特瓶內，不要事先煮沸。

● 帶在身上的水及食物的分量，要以自己背著仍能跑得動為原則。

📦 道具

有些可以像
吸管一樣使用！

📦 攜帶型淨水器

當沒有乾淨的水可以喝的時候，這個東西可以讓河水或池水變成可以飲用的狀態！它的運作原理是裡頭有微濾膜，可以過濾水裡頭的細菌、寄生蟲、微塑料、淤泥、沙子和混濁物。。

📦 迷你爐頭

只要裝上瓦斯罐，就可以變成瓦斯爐。由於體積比卡式瓦斯爐小得多，攜帶上更加方便！

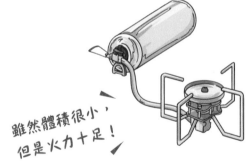

雖然體積很小，
但是火力十足！

📦 蜂蜜

蜂蜜富含葡萄糖、維生素及胺基酸，是保持均衡營養的好選擇。

小包裝
方便攜帶！

訓練

幫忙爸媽做菜

能夠自己做菜的國小學生並不多。為了因應隨時有可能發生的突發狀況，建議你平常可以多多幫忙爸媽做菜。做菜的過程中，能夠習慣接觸用火、菜刀這類有危險性的東西，大幅提升求生能力。

舉辦緊急備用糧食試吃大會

當出現喪屍或發生災害時，可能會有好一陣子每天都得吃緊急備用糧食。緊急備用糧食的種類五花八門，有些你可能會覺得很好吃，有些你可能不喜歡。建議可以在平時就舉辦試吃大會，挑選出你覺得可以一直吃都不會膩的緊急備用糧食！

知識Tips　停電時非常方便的鮪魚罐頭燈

停電的時候，房間裡頭會非常暗，這時「鮪魚罐頭燈」就能派上用場。首先準備一張面紙，搓揉成長條狀，然後拿一個鮪魚罐頭，在上頭鑽一個小孔，把面紙插入直到深處，這樣就完成了。不管是製作的時候，還是點火的時候，都一定要有大人陪在旁邊。

拯救遭到喪屍攻擊的弘樹！

學校停課期間，校園被指定為避難所，聽說還設置了喪屍診所。

康太一家人背起裝了水和食物的背包，準備要前往時，

媽媽的手機忽然接到弘樹的媽媽傳來的訊息……

「我得去一趟喪屍診所，拜託你們幫我照顧一下弘樹。」

康太一家人看了訊息，於是決定在家裡等待弘樹前來。

但是弘樹一直沒有來，不曉得是不是遇上了什麼麻煩。

你認為應該怎麼做，才能拯救好朋友？

弘樹媽媽

我出門的時候遇上一個喪屍，手臂被抓傷了……

真的假的❓ 你還好嗎❓

弘樹媽媽

我也不知道……我自己也有點害怕，決定去最近新開的喪屍診所接受檢查……真的很不好意思，這段期間能不能麻煩你們照顧一下我兒子？

第6關

受傷與生病

康太和爸爸兩個人出門尋找弘樹，竟然發現他倒在便利商店的門口！看起來好像已經被喪屍攻擊了！難道他是一個人走到這個地方來？這未免太危險了！總之得趕快想辦法救他才行！

哇～

你會
怎麼做？

選擇
A還是B？

能夠提高生存機率的小建議！

保護自己不變成喪屍

如果要出門的話，一定要做好抵禦喪屍的萬全準備。另外，除了喪屍病毒之外，室外還有很多可怕的病原體。一定要確實洗手，才能避免生病。

對傷者或病患進行急救！

如果看到有人因為受傷或生病而倒在路邊，一定要趕緊先打119呼叫救護車！在救護車抵達之前，盡可能根據自己知道的知識進行急救！

自行將傷者或病患送往醫院

如果是像出現喪屍這種非常時期，醫院可能會沒有辦法派出救護車！
像這種時候，只好自行將傷者或病患送往醫院，最好在平時就學會這方面的方法與技巧！

事先學會急救的方法，就不會在緊要關頭手忙腳亂！

情境 1　外出時應該穿戴在身上的東西

要選哪一邊

A 口罩及手套　　　　　　　**B** 帽子及圍巾

弘樹一直都沒來，他該不會是被喪屍攻擊了吧？得趕快去救他才行！但是像這種時候，絕對不能慌張。得先做好一些保護自己的措施，不然可能會連自己都變成了喪屍……這時候應該在身上穿戴什麼樣的東西？

正確答案請見第 86 頁

情境 2　發現弘樹倒在地上！

要選哪一邊

A 走過去搖晃他的身體　　　　**B** 站在遠處喊他的名字

弘樹竟然倒在路上！旁邊的便利商店裡頭就有AED（自動體外心臟除顫器），但是在使用之前，得先確認他還有沒有意識才行！是不是應該立刻走過去，用力搖晃他的身體？還是應該站在遠處呼喊他的名字，觀察他的反應？

正確答案請見第 86 頁

情境 3　弘樹的手臂流血了！

要選哪一邊

A 使用消毒水

B 使用普通的水

嗚嗚……

康太小心翼翼走向弘樹，發現他正在痛苦呻吟……啊！他的手臂及臉上都有被抓傷的痕跡，果然是被喪屍攻擊了！爸爸的身上剛好帶著消毒水及普通的水，應該使用哪種水清理傷口呢？

正確答案請見第 86 頁

情境 4　得把弘樹送到醫院才行！

要選哪一邊

A 走路到附近的醫院

B 開車到比較遠的喪屍診所

雖然對傷口進行了緊急處置，還是得趕快送到醫院才行！新聞上說每個人變成喪屍的時間都不一樣，所以絕對不能耽擱。是不是應該先把弘樹送到比較近的醫院呢？問題是現在大多數的人對喪屍病毒還不了解，還是應該直接送到比較遠的喪屍醫院？

正確答案請見第 87 頁

要怎麼搬運弘樹呢？

決定了目的地，問題是要怎麼搬運隨時有可能變成喪屍的弘樹？爸爸曾經教過康太簡易的擔架製作法，一般家庭也能輕鬆做到。是不是應該趕緊製作一個擔架來搬運弘樹？可是如果在搬運途中，弘樹變成了喪屍，康太與爸爸都會有危險……還是應該把弘樹放在睡袋裡，再用跳繩綁起來？但是這樣弘樹會很可憐……

正確答案請見第 87 頁

對答案！

受傷與疾病的緊急處置

成功？失敗？ >>> 查看「提高存活率的方法」！

\\ 正確答案是這個！ //

提高存活率的方法

為了避免感染及拯救他人，你做了哪些選擇？這些選擇是否正確？閱讀以下的說明，提升你的求生能力吧！

情境 1
外出時應該穿戴在身上的東西

一旦被喪屍抓傷或咬傷，就會變成喪屍，可見得喪屍病毒是經由皮膚傳染，一定要盡可能避免讓自己的皮膚裸露在外。要穿什麼樣的服裝，可根據這個原則來判斷。戴口罩及手套只能防止空氣傳染，或是咳嗽、打噴嚏之類的飛沫傳染。正確答案應該是「**B** 帽子及圍巾」。除此之外，還要記得穿上長袖的衣服及長褲。

情境 2
發現弘樹倒在地上！

如果弘樹已經變成喪屍，隨便靠近會很危險，所以正確答案是「**B** 站在遠處喊他的名字」。另外，如果弘樹摔倒在地上的時候撞傷了頭，隨意搖晃他的身體可能會讓他的腦部受傷更嚴重，就算治好了喪屍化的疾病，還是有可能留下後遺症，一定要特別小心。還有，AED只能使用在心跳停止的情況，只要知道怎麼使用就行了，這一次派不上用場。

情境 3
弘樹的手臂流血了！

在傷口上噴灑消毒水，會連負責打倒病毒及雜菌的體內細胞（例如白血球）也一起殺死，所以正確的做法應該是「**B** 使用普通的水」。將傷口清洗乾淨之後，貼上能夠讓傷口保持溼潤的OK繃或人工皮，持續觀察狀況。

得把弘樹送到醫院才行！

關於喪屍病毒的特性，目前還有很多細節尚未釐清。就算送到平常自己習慣看診的醫院，醫生可能也不知道該怎麼處理。而且還可能因為弘樹的關係，導致喪屍病毒在醫院內部蔓延開來。既然知道弘樹很有可能會變成喪屍，雖然要花比較多時間，還是應該選擇「**B 開車到比較遠的喪屍診所**」，讓弘樹接受專家治療。

要怎麼搬運弘樹呢？

如果是要搬運一般的傷患，用臨時製作的擔架並沒有任何問題，但是在這一題裡，「**B 放在睡袋裡，再用跳繩綁起來！**」才是正確答案。雖然有點可憐，但是弘樹隨時有可能變成喪屍，為了安全起見，必須讓他的身體無法移動才行。在喪屍大量出現的這種非常時期，任何事情都必須為最壞的情況做好萬全準備！

再次確認！

- 避免讓皮膚裸露在外的服裝，才是防禦能力比較高的服裝。
- 急救的時候必須臨機應變，依照實際情況作出最好的決定。
- 任何事情都要為最壞的情況做好準備。

第 **6** 關　過關！

喪屍診所

道具

輕盈又不占空間，
攜帶相當方便！

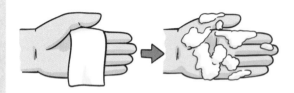

紙肥皂

紙肥皂遇到水就會溶解，產生泡沫。出門在外的時候帶在身上，就算廁所沒有肥皂也不用擔心。

簡易擔架

只要有兩根晒衣桿及一條毛毯，就可以製作出簡易擔架！

製作步驟

① 將晒衣桿放在毛毯左側三分之一的位置，把毛毯往右摺過去。

② 放上另一根晒衣桿，中間要隔出一個人能躺得下的空間。把右側的毛毯往左摺過來。

③ 完成了！

製作時要請大人幫忙！

高機能OK繃

讓傷口保持溼潤，能夠加快痊癒的速度。像這樣的OK繃或人工皮，也具有比較高的防水力。

記得在書包裡放幾片備用！

訓練

學習急救的技巧

為了因應突發的狀況，從平時就應該接收關於急救的知識。不管是學校還是居住的社區，都會舉辦一些教導急救的課程活動。只要是沒有規定小學生不能參加的活動，就應該積極參加！或許剛開始會覺得有點難，但只要多做練習一定能學會！

髒就代表危險！

你平常會不會用沒有消毒過的手掌揉眼睛或挖鼻孔、挖耳朵？這樣的行為，簡直就像是親自把病毒及細菌送入體內！而且如果在別人的面前做這種事，也十分不文雅，一定要改掉這些壞習慣！

知識Tips　可怕的狂犬病也會讓人突然變得狂暴？

你聽過「狂犬病」嗎？人類如果被感染了狂犬病病毒的狗或貓咬到，同樣也會感染狂犬病。一旦感染了這種疾病，就會出現狂暴的症狀，而且死亡率幾乎高達百分之百。如果你的家裡也有養狗或貓，趕快向爸爸、媽媽確認看看，是否曾經打過狂犬病疫苗吧。

下一關預告

可怕的不是只有喪屍而已！

爸爸帶著康太與媽媽、小雪會合後，將表情看起來很痛苦的弘樹帶往喪屍診所。校園裡的喪屍診所及避難所擠滿了人，大多數都是帶著遭喪屍咬傷、抓傷的家人來就診。聽說電視新聞上常看到的喪屍博士也在這裡呢！康太一家人在這裡找不到弘樹的母親，又不能將弘樹一個人留在這裡，他們只好暫時待在診所旁邊的避難所內。避難所裡頭的人有的看起來很不安，有的看起來很生氣。在這種許多人聚集在一起的非常時期，你會做出什麼樣的決定？

第7關

比喪屍更可怕的事物

比喪屍更可怕的事物

康太一家人帶著弘樹來到了喪屍診所，沒想到診所裡頭擠滿了人！有些人正在大聲怒吼，有些人一臉興奮的拿起手機拍攝喪屍……大家好像都變得有點奇怪。

比喪屍更
可怕的事物

你會
怎麼做？

選擇
A還是B？

能夠提高生存機率的小建議！

積極幫助他人

在喪屍診所旁邊的避難所裡，聽說義工嚴重不足。在那裡一定能夠找到小
孩子也能幫得上忙的事情。

遠離可怕的謠言！

在很多人聚集的地方，一定會出現各種謠言。有些謠言根本是荒誕不經的
假消息。

絕對不能單獨行動

當很多人聚在一起的時候，裡頭一定會有好人，也一定會有壞人，所以小
孩子絕對不能單獨行動。

在人多的地方，小孩子絕
對不能離開父母的身邊，
這是最基本的原則。

情境 1

該吃飯了！

A 冰冷的飯糰 要選哪一邊 **B** 溫熱的隨身調理包

因為到處移動的關係，一直沒有時間吃飯。康太回想起來，背包裡頭有冰冷的飯糰，以及不用火或電就可以加熱的隨身調理包。既然已經將弘樹安全送到喪屍診所裡了，趁現在填飽肚子吧，該選什麼食物呢？

正確答案請見第 98 頁

情境 2

拿到了瓶裝水……

A 寫上名字 要選哪一邊 **B** 放在隨時看得到的地方

避難所裡有人在分發瓶裝水！雖然自己的背包裡也有水，但為了保險起見，還是去拿吧！依規定一個人只能拿一瓶，為了避免自己的被人拿走，是不是應該寫上名字？不過就算沒寫名字，只要隨時放在身邊，應該就沒問題吧？

正確答案請見第 98 頁

情境 3　兒童用的睡袋應該給誰用？

 A　給小孩子用　 要選哪一邊　給爸爸用　**B**

天色已經暗了，這個時間回家有點危險，康太一家人決定今天晚上睡在成為避難所的體育館內。爸爸媽媽從家裡帶來了4個睡袋，其中3個是普通的睡袋，有1個是可愛的小熊睡袋。爸爸原本想要給小雪睡可愛的睡袋，但是小雪堅持不肯，因為她覺得睡那個很丟臉……

結果請見第 98 頁　　　　正確答案請見第 98 頁

情境 4　學校裡的廁所好髒喔……

  A　告訴義工　 要選哪一邊　自己打掃　**B**

康太想要小便，走進了學校廁所，發現小便斗的周圍非常髒。是不是應該趕快告訴義工，請他們來打掃呢？但是旁邊就有打掃工具，不用拜託任何人，自己也可以打掃……

正確答案請見第 99 頁

情境 5　小孩子變成喪屍沒有辦法治癒？

A 　　反駁　　要選哪一邊　　逃走　　**B**

康太到喪屍診所探望弘樹，卻看見一群人一邊拿著手機，一邊大喊：「上頭說小孩子變成喪屍沒有辦法治癒！」其中一個人還指著你罵道：「那個被喪屍抓傷的男孩，就是你帶來的吧？你搞不好也會變成喪屍！」康太心想，喪屍博士明明說「可以治癒」，一定是這些人搞錯了！

正確答案請見第 99 頁

對答案！

在避難所裡的行動

成功？失敗？　>>>　查看「提高存活率的方法」！

提高存活率的方法

在避難所裡為了避免遇上麻煩，你做了哪些選擇？這些選擇是否正確？
閱讀以下的說明，提升你的求生能力吧！

情境1
該吃飯了！

或許你心裡會很想吃溫熱的隨身調理包，但是像這種時候，應該忍耐一下，吃「Ａ 冰冷的飯糰」。因為來到避難所裡的人，可能有些人沒有溫熱的食物可以吃。在這樣的環境裡，最好不要吃別人沒有的食物，或是在他人的面前，大剌剌吃著香味四溢的食物。

情境2
拿到了瓶裝水⋯⋯

在人群聚集的避難所裡，自己的瓶裝水很有可能會被別人誤拿。所以一拿到瓶裝水，應該立刻「Ａ 寫上名字」。雖然擺在隨時喝得到的地方很重要，但更重要的是必須能夠證明那是自己的東西。不只是瓶裝水，自己的東西都應該寫上名字。

情境3
兒童用的睡袋應該給誰用？

在人多的地方，很可能會出現以小孩子為下手對象的壞人。所以為了安全起見，應該盡可能不要使用一看就知道是兒童用品的東西。兒童用的睡袋雖然比較小，但最好還是「Ｂ 給爸爸用」。

避難所內部的環境，應該由所有人共同維持。如果你想要擁有舒適的生活環境，你自己也應該貢獻一份心力。因此只要看到任何可以幫忙的事情，都應該盡量幫忙。不管是廁所還是其他地方，只要看到髒汙，都應該「 **B** 自己打掃」，才能讓避難所內的生活更加舒適。

情境 5
小孩子變成喪屍沒有辦法治癒？

群眾陷入恐慌的時候，很容易會出現的謠言。像是「小孩子變成喪屍沒有辦法治癒」或是「小孩子因為身體小，變成喪屍的速度會比較快」等，如果遇到有人這麼說，就算明知道那是假的，請記住：不要和對方爭辯，以免激怒對方。此時應該立刻離開現場，也就是「 **B** 逃走」，例如先回家待一陣子。很多事情我們並不需要與別人爭辯到底！

再次確認！

● 吃飯的時候要盡量低調，別吸引他人的注意。

● 自己的隨身物品要保管好。

● 盡量遠離各種來路不明的謠言。

道具

有各種不同的口味唷！

罐頭麵包

罐頭麵包的保存期限長達 3～5 年，就算要避難很長一段時間也不用擔心。而且美味可口，不容易吃膩！

貼身小包

在避難所裡一直背著背包，實在是太累了。建議隨身帶一個貼身小包，把錢包之類的貴重物品，以及筆、筆記本等小東西放在裡頭，移動的時候就會輕鬆得多。

用它保管貴重物品！

可以保護頭部，就算有掉落物也不用擔心！

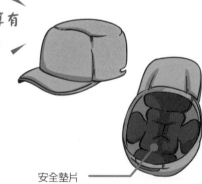

防災便帽

帽子的內側有安全墊片，而且縫製得非常堅固。比一般的安全帽輕盈得多，而且外觀也比較低調樸素。

安全墊片

訓練

試著參加義工活動！

在避難所裡頭幫忙的時候，如果是第一次當義工，可能會做得不習慣，或是覺得很不好意思。為了避免發生這種狀況，平常可以多參加社區裡的義工活動！這麼做也能夠增加與其他人交流的機會！

別人在說話的時候要仔細聽

當學校的老師或家人在說重要的事情時，如果沒有仔細聽，往往會犯錯。在避難所裡，如果沒有聽清楚管理者的說明，還有可能會遇上攸關生死的重大危險。因此在平常的時候，就要養成專心聽人說話的習慣。

知識Tips　昆蟲也會喪屍化？

有一種名叫扁頭泥蜂（學名為Ampulex compressa）的昆蟲，牠會在蟑螂的胸口注入毒液，讓蟑螂全身麻痺，接著在蟑螂的大腦也注入毒液，控制蟑螂的行動，然後這隻蟑螂就會像喪屍一樣，自己爬到扁頭泥蜂的巢穴。扁頭泥蜂會在蟑螂的體內產卵，等到卵孵化後，幼蟲就會以蟑螂的身體為食物。

圖片來源：shutterstock

101

集合大家的力量，與喪屍進行最後決戰！

康太、小雪與媽媽為了避免在避難所與其他人發生爭執，

決定還是先回家中。

只有爸爸還留在避難所，負責照顧弘樹。

但是就在三人走出避難所的時候，

另一頭傳來了詭異的呻吟聲！

「突然來了一大群喪屍！得趕快告訴診所裡的人！」

你認為應該怎麼做，才能幫助大家保住性命？

第8關

與同伴攜手合作！

第**8**關

與同伴攜手合作！

康太及家人們遇上了一大群喪屍！得趕快回到喪屍診所，化解這場危機才行！活用到目前為止學會的所有生存知識，與喪屍博士及避難所的人攜手合作，共同抵禦喪屍吧！

與同伴攜手合作！

你會怎麼做？

選擇A還是B？

能夠提高生存機率的小建議！

建立團隊！

所有人必須團結一致，共同對抗喪屍才行！就由喪屍診所的喪屍博士擔任隊長吧！

將喪屍引誘到對活人有利的地點！

選擇最有利的地點進行最後的決戰！如果同伴人數眾多，就在寬廣的地方將喪屍包圍。如果同伴人數很少，就把喪屍引誘到狹窄的地方。

必須先想好如何抵禦喪屍的攻擊！

務必避免被喪屍抓傷或咬傷，不然喪屍的數量會越來越多！記得一定要先想好對策！

要對付喪屍，絕對不能只靠一個人的力量！

讓大家相信喪屍大舉來襲！

 要選哪一邊

Ⓐ 總之趕快回到避難所

拿出手機拍下照片 Ⓑ

一大群喪屍已經來到了學校的附近！得趕快把這件事告訴喪屍博士、爸爸以及喪屍診所和避難所的所有人才行！等等，在回去之前，是不是應該先把喪屍聚集的景象拍攝下來？但如果在做這種事情的時候，被喪屍包圍了怎麼辦？

正確答案請見第 110 頁

情境 2

如何對抗喪屍？

 要選哪一邊

Ⓐ 大家各自尋找武器

分成不同小組，負責不同工作 Ⓑ

康太把一大群喪屍來襲的事情告訴了喪屍博士，喪屍博士陪著康太向所有人說明這件事。雖然大家接受了這個事實，卻都露出一副不知道該怎麼辦才好的表情。無論如何得在喪屍到達之前完成各種準備工作！現在該怎麼辦才好？

正確答案請見第 110 頁

情境 3 　將喪屍引誘到同一個地方！

要選哪一邊

A 用汽車喇叭引誘

B 利用廣播室進行校內廣播

為了防止喪屍侵入校園，一群人前往關閉校門，沒想到全都逃了回來。一問之下，喪屍竟然已經進入校園內了！喪屍博士主張「應該設法讓喪屍集中在同一個地方」，康太首先想到的是到停車場按車子喇叭。等等，那個正在逃跑的女孩子，不是校內廣播社的社員嗎？

正確答案請見第 110 頁

情境 4 　讓喪屍失去行動能力！

要選哪一邊

A 用滅火器及石灰粉讓喪屍看不見

B 所有人拿著長棒包圍喪屍

引誘喪屍的策略雖然成功了，但是得讓喪屍不要分散開來才行，該怎麼做才好呢？體育館的倉庫裡頭，有沒有什麼能夠派上用場的東西？跳箱及籃球都適合當作障礙物……另外，康太還看到了滅火器、石灰粉畫線機，以及頂端有著籃網的長棒，那是玩丟球遊戲用的工具。

正確答案請見第 111 頁

捉住喪屍！

A 蓋上排球掛網　　要選哪一邊　　蓋上窗簾 B

終於把所有的喪屍困在同一個地方了。雖然想要讓他們動彈不得，但又不能空手去抓他們。如果能用什麼東西，把他們蓋住就好了。目前手邊有排球比賽用的掛網，以及從音樂教室拿來的黑色不透光厚窗簾……該用哪一個蓋住喪屍，才能盡量讓他們不掙扎呢？

正確答案請見第 111 頁

對答案！

與喪屍的終局之戰
成功？失敗？

 查看「提高存活率的方法」！

正確答案是這個！
提高存活率的方法

與喪屍的終局之戰，你做了哪些選擇？這些選擇是否正確？閱讀以下的說明，提升你的求生能力吧！

情境 1
讓大家相信喪屍大舉來襲！

要讓大家相信喪屍來襲，照片或影片會比口頭說明更有說服力。因此正確答案是「**B 拿出手機拍下照片**」。影片之中包含自己的聲音，或是照片之中包含自己的身體部位，更能增加照片的可信度。

情境 2
如何對抗喪屍？

當很多人聚在一起的時候，如果沒有一個人帶頭出來引導群眾並且分配工作，大部分的人都不會主動做事。因此要大家各自尋找武器，效果並不好；想要對付喪屍，還是得所有人同心協力才行。比較好的做法，是「**B 分成不同的小組，各自負責不同的工作**」，例如有的小組負責封鎖出入口，有的小組負責尋找能夠當作路障的東西，有的小組負責從屋頂監視喪屍，各自有自己的職責。

情境 3
將喪屍引誘到同一個地方！

此時建議可以利用喪屍「對聲音非常敏感」這個特性。比較妥當的做法，是「**B 利用廣播室進行校內廣播**」。只要在廣播室進行操控，設定聲音只在體育館內發出廣播，這麼一來就可以輕易將喪屍引誘到體育館內。按汽車喇叭其實也是可行的做法，但是坐在車子裡的人會無法順利逃走，而且要將喪屍引誘到室外也比較困難。

讓喪屍失去行動能力！

「讓喪屍看不見」並不是一個好策略。喪屍的視力本來就不好，這麼做的效果相當有限。噴灑滅火器或石灰粉，反而會讓正常人看不清楚喪屍在哪裡，還可能會讓喪屍變得更加狂暴。建議使用倉庫裡頭的丟球遊戲用的籃子，或是放置各種球類的籃子當作路障阻擋喪屍，或用校內的防暴鋼叉等棒狀物，「**B** 所有人拿著長棒包圍喪屍」。就可以與喪屍保持距離，安全的將喪屍們驅趕到同一個角落。

捉住喪屍！

比較好的做法是「**B** 蓋上窗簾」。當然用排球掛網也能讓喪屍動彈不得，但是排球掛網沒有辦法剝奪喪屍的聽覺、嗅覺及視覺。因此建議使用音樂教室的窗簾（遮光性窗簾），以拋投的方式蓋在喪屍身上。由於這種窗簾很厚，可確實封住喪屍的視覺及聽覺，並大幅弱化嗅覺。這麼一來，相信喪屍就會變得安分得多。

再次確認！

- 將群眾分組，各自有明確的職責。
- 只要能讓喪屍聚集在一起，距離勝利就不遠了。
- 捕捉喪屍之前，先奪走視覺、嗅覺及聽覺！

第8關

過關！

有這些東西，更能實現團隊合作！

 道具

用號碼互相稱呼，
建立團隊默契！

 肩帶、制服

避難所裡的人，互相不見得知道名字。
如果有肩帶或制服，大家就可以用號碼
互相稱呼，團隊合作也會更加容易。

 無線電通話器

臺灣搜救隊
也會用它！

市面上的無線電通話器種類繁多，甚至還
有適合兒童使用的類型。就算是在停電的
時候，無線電通話器還是能正常使用，所
以很適合在緊急狀況時互相聯絡。

垃圾袋、
紙箱、報紙

非常時期的
三大神器！

最好用的道具，其實就在我們的身
邊。垃圾袋灌氣綁緊，可以當作緩
衝物。紙箱、報紙則可以當作禦寒
工具。只要用點心，這些東西都可
以非常實用。

重要的是預習與複習！
💪 訓練

💪 養成寫日記及做筆記的習慣

過去學到的知識，往往能夠在遭遇危難的時候派上用場。包含自己的親身經驗，以及從他人口中聽來的傳聞，最好養成寫在日記裡或者做筆記的習慣。而且最好是寫在紙本上，因為智慧型手機有可能會沒電。

💪 觀賞以喪屍為主題的作

平常多看一些以喪屍為主題的電影或小說，當有一天遇上真正的喪屍時，或許這些記憶都能派上用場。就算是動畫或遊戲，也有可能學會一些有助於求生的知識。建議和朋友一起閱讀這本書，為了將來的喪屍危機或遇上怪物預作準備吧！

知識Tips **超喜歡喪屍的電影導演喬治·安德魯·羅梅羅**

以《活死人之夜》為代表作的著名喪屍電影導演喬治·安德魯·羅梅羅（George Andrew Romero），從小就是個熱衷於電影的孩子。他拍了非常多部有名的喪屍電影，如今我們所熟悉的喪屍特徵，其實都是由他所構思出來的。可惜他在2017年與世長辭了。

喪屍一點也不可怕？

3年後……

唰！

各位觀眾早安！

為您播報
7點的新聞！

這是今天的
特別主題！

噹噹～

喪屍危機
第3年的回顧

咚～

從發生可怕的喪屍襲擊事件，到今天已過了整整3年的歲月。

突然爆發的喪屍肆虐現象，讓全人類陷入了絕望與恐懼的深淵。

本來以為喪屍攻擊人類是電影裡的情節，沒想到竟然發生在現實生活中。

當喪屍的數量快速增加的時候，幾乎所有的人都已放棄了希望……

就在
這個時候！

一位日本的研究學者挺身而出！

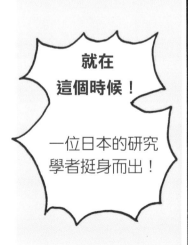

他就是喪屍博士！全世界最頂尖的喪屍專家！他的喪屍研究，原本被認為是最沒有用的科學！

但他所研發的藥物，
能夠讓變成喪屍的人
恢復健康。

在他的努力下，全國各地
都設置了專門治療喪屍的
「喪屍診所」。

各地的喪屍診所還發揮
了避難所的機能，成為
對抗喪屍的重要據點。

唯有全世界的人攜手
合作，才能解決喪屍
的問題。

於是全世界對抗喪屍的專家們都來到了國內，在喪屍博士的領導下，成立「世界喪屍對抗小組」（Team of Zombie counterplan），簡稱「TZC」。

噹噹～

TZC

TZC不僅成功製造出了治療喪屍效果相當顯著的新成分藥物，

而且還建立起了一套能夠大量生產治療藥劑的工廠體制。

除此之外，在喪屍博士的指示之下，他們還發明了許多能夠保護民眾安全的新科技。

能夠引誘喪屍進入的「喪屍屋」、

能夠吸引喪屍的無人機「喪屍來吸」。

這是爆發喪屍危機大約 1 年後的歷史畫面。

如今過了 3 年……

治療喪屍病變得比治療感冒還簡單，喪屍的威脅幾乎已成為歷史。

接下來請看……

現場連線畫面！

今天我們請到了靠著喪屍研究

拯救無數百姓的喪屍博士！

請問博士，回顧這3年來發生的事情您有什麼感想？

只能用一句話來形容……

人類太厲害了！

伸指！

博士！小心後面！

嘎！嘎！

原本連我都以為沒希望了，沒想到人類團結在一起，連喪屍也能打敗！

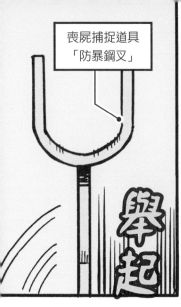

喪屍捕捉道具「防暴鋼叉」

舉起

唰！

喀！

好驚人的反應速度……

喪屍一點也不可怕！

我已經好一陣子沒看過喪屍了。

你們兩個別再看新聞了！

注意一下時間！

糟糕，快遲到了！

我們趕快走！

噠噠噠噠

嚇壞全世界！
喪屍維基

巫毒教製造出來的喪屍

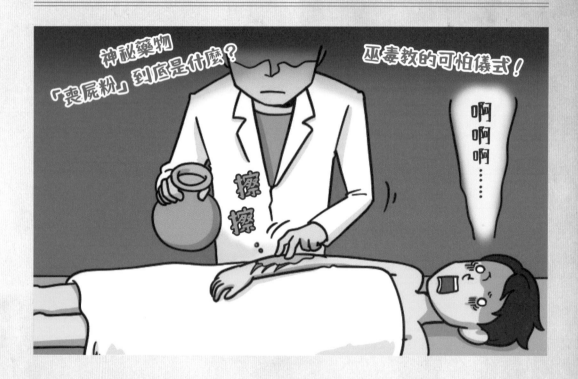

與喪屍有著極深淵源的巫毒教

我們在第29頁介紹過，神明的名字「Nzambi」傳入中美洲及加勒比海諸國之後，發音產生變化，變成了喪屍的英文「Zombie」。

根據研究，加勒比海上的島國海地的居民所信仰的「巫毒教」，與喪屍有著密不可分的關係。

除了海地之外，非洲國家貝南的居民也信仰巫毒教。這個宗教有一種自古流傳下來的神祕儀式，我們所熟悉的喪屍正是誕生於這種儀式之中。

以下將介紹喪屍的歷史，以及世界各地關於喪屍的資訊。多知道一些喪屍的知識，在發生喪屍危機的時候才能有備無患！

創造出喪屍的神祕儀式

根據傳說，名為「博哥（Bokor）」的祭司會將死人的屍體從墓園的墳墓中挖出來，趁著屍體還沒有腐敗前，不斷呼喚那個人的名字。不久後，那個人就會甦醒，成為喪屍。這個喪屍會成為奴隸，只聽從祭司的命令，完全沒有自己的想法。

所以在當地，一旦有人過世，家人就必須一直守著墳墓，避免屍體被祭司博哥盜去製作成喪屍。

能夠讓死人復活的「喪屍粉」

在巫毒教的儀式裡，祭司博哥除了能夠以呼喚的方式讓屍體變成喪屍之外，還會使用一種名為「喪屍粉」的神祕藥物製造出喪屍。

根據加拿大學者韋德・戴維斯（Wade Davis）的研究，「喪屍粉」之中含有一種名為「河魨毒素（Tetrodotoxin）」的劇毒成分。這種成分通常存在於河魨的體內，所以有了這樣的名稱。沒想到這種毒素竟然被人拿來當成製造喪屍的材料，真的相當令人吃驚。

據說這種含有河魨毒素的喪屍粉能夠讓人陷入假死狀態，雖然活著，但是看起來像死了一樣的狀態，且意識變得模糊不清，所以會對祭司博哥唯命是從。但也有人抱持反對的意見，認為河魨毒素沒辦法讓人陷入假死狀態。至於真相為何，沒有人知道。

真實世界中的喪屍事件

海地有非常多人目擊過喪屍

你以為喪屍只是幻想中的妖怪嗎？我們在前面曾經提過，海地這個國家有很多人信奉巫毒教，所以在海地聲稱曾經看見喪屍的人非常多。

例如有一名婦人，某天走在市場裡，看見一個身穿破爛衣服、走起路來搖搖晃晃的男人。婦人總覺得那個男人很眼熟，一問之下，男人的名字竟然與婦人已經過世的哥哥相同。

某個在海地進行喪屍研究的醫師聽到了這個傳聞，立刻針對這個男人著手進行調查，還拜訪了男人的家人及朋友。最後的結論是男人小時候的回憶，與婦人心中關於哥哥的回憶頗有相似之處。

像這樣原本以為已經過世的人，卻以喪屍的姿態再次出現的例子，在海地可說是相當多。當然有些人可能只是剛好跟過世的人長得很像，所以被當成了喪屍。並沒有任何明確的證據，能夠證明喪屍真的存在。但是這麼多的目擊案例，實在很難讓人相信那些全部都是假的。

連美軍也不敢輕視？
真實存在的「打擊喪屍教戰手冊」！

以「喪屍」為假想敵的訓練計畫

第65頁有介紹，美國疾病管制與預防中心（CDC）公布了如何對抗喪屍的相關資料。事實上在CDC公布這份資料的大約1個月前（2011年4月），美軍才剛發表一份以「喪屍」為假想敵的訓練計畫。

這份計畫包含許多實戰的項目，根據不同種類的喪屍，有著不同的抵禦及殲滅戰術。

當然這只是美軍開的一個玩笑而已。在實際的美軍訓練行動中，假如以真實存在的國家（例如日本或臺灣）作為假想敵，一定會損及美國與日本之間的友好關係。所以美軍才會挑選喪屍這種「不存在於現實中的敵人」作為假想敵。

話說回來，既然美軍進行過對抗喪屍的訓練，當真的出現喪屍的時候，或許美軍能夠肩負起保護人類的責任呢！

看見他們請趕快逃命！
～世界各地的不死妖怪～

所謂的不死妖怪，是指原本已經死亡的生物，因為某種不尋常力量而重新復活的妖怪。喪屍當然也是不死妖怪的一種。以下介紹其他世界各地著名的不死妖怪。

骷髏人

流傳於歐洲的不死妖怪，特徵是全身只剩下骨頭。通常會拿著劍及盾牌，有的還會身穿盔甲，甚至是騎在同樣只剩下骨頭的馬上。

木乃伊

全身包滿了繃帶的不死妖怪，流傳於古埃及。據說會殺死侵入金字塔或歷史遺跡的人。

吸血鬼

同樣是流傳於歐洲的不死妖怪，特徵是會吸活人的血。據說被吸血的人也會變成吸血鬼，這部分跟喪屍很像。

殭屍

中國自古流傳至今的不死妖怪。據說有些已經過世的人，到了夜晚會起來走動，讓活人飽受驚嚇。有些殭屍會飛，甚至還有超能力。

主要參考文獻

- 《插圖圖解 謠言心理學 可怕的群體心理機制》齊藤勇監修（寶島社）
- 《緊急事態宣言對應 最善最強的防災指導手冊》高荷智也監修（COSMIC出版社）
- 《警視廳災害對策科Twitter 防災提示110》日本經濟新聞出版社編撰（日本經濟新聞出版社）
- 《生存讀本 在自然環境生存數天的技巧集》笠倉出版社編撰（笠倉出版社）
- 《喪屍學》岡本健著（人文書院）
- 《喪屍生存指南》Max Brooks著／卯月音由紀翻譯／森瀨繚翻譯監修（Enterbrain）
- 《喪屍的科學 復活和心靈控制的探究》Frank Swain著／西田美緒子翻譯（InterShift）
- 《中小企業的BCP制定完美指南》高荷智也著（Wis Works）
- 《超進化版 喪屍指南》活死人調查班著（Impress）

知識讀本館

這個時候你該怎麼辦？

從喪屍入侵到
危機應變的生存挑戰

監修｜防災專家 高荷智也

繪者｜花小金井正幸

譯者｜李彥樺

責任編輯｜詹嬿馨

封面設計｜李潔

內頁排版｜翁秋燕

行銷企劃｜王予農

天下雜誌群創辦人｜殷允芃

董事長兼執行長｜何琦瑜

媒體暨產品事業群

總經理｜游玉雪

副總經理｜林彥傑

總編輯｜林欣靜

行銷總監｜林育菁

主編｜楊琇珊

版權主任｜何晨瑋、黃微真

出版者｜親子天下股份有限公司

地址｜台北市 104 建國北路一段 96 號 4 樓

電話｜（02）2509-2800　傳真｜（02）2509-2462

網址｜www.parenting.com.tw

讀者服務專線｜（02）2662-0332　週一～週五：09:00~17:30

傳真｜（02）2662-6048　客服信箱｜parenting@cw.com.tw

法律顧問｜台英國際商務法律事務所・羅明通律師

製版印刷｜中原造像股份有限公司

總經銷｜大和圖書有限公司　電話：（02）8990-2588

出版日期｜2024 年 6 月第一版第一次印行

定價｜360 元

書號｜BKKKC271P

ISBN｜978-626-305-873-6（平裝）

訂購服務

親子天下 Shopping｜shopping.parenting.com.tw

海外・大量訂購｜parenting@cw.com.tw

書香花園｜台北市建國北路二段 6 巷 11 號　電話（02）2506-1635

劃撥帳號｜50331356 親子天下股份有限公司

國家圖書館出版品預行編目(CIP)資料

這個時候你該怎麼辦？：從喪屍入侵到危機應變
的生存挑戰／高荷智也監修；花小金井正幸繪；
李彥樺譯. -- 第一版 . -- 臺北市：親子天下股份有限
公司, 2024.06

128面；17x23公分. --（知識讀本館）

譯自：キミならどうする !？もしもサバイバル
ゾンビから身を守る方法

ISBN 978-626-305-873-6（平裝）

1.CST: 科學　2.CST: 通俗作品

307.9　　　　　　　　　　　　　113005196

立即購買 >